ARCHIV FÜR LAGERSTÄTTENFORSCHUNG
Heft 79

HERAUSGEGEBEN VON
PROF. DR. ERICH LANGE
PRÄSIDENT DER GEOLOGISCHEN
LANDESANSTALT BERLIN

KURD VON BÜLOW

ENTSTEHUNG DER ALLUVIALEN EISENERZLAGERSTÄTTEN MECKLENBURGS

AKADEMIE-VERLAG GMBH · BERLIN 1949
Arch. Lagerst.-Forschg., Berlin, H. 79

Erschienen im Akademie-Verlag GmbH., Berlin NW 7, Schiffbauerdamm 19
Lizenz-Nr. 156 · 4580/49—5490/49
Gedruckt in der Deutschen Wertpapier-Druckerei Leipzig
Bestell- und Verlagsnummer: 2014/79
Preis: 4,— DM

INHALT

ABGRENZUNG UND EINHEIMISCHE BEZEICHNUNGEN

Wenn man als „Erze“ nur solche metallhaltigen Rohstoffe bezeichnet, die nach der bekannten Definition KRUSCHS „im Großen und mit Vorteil“ abgebaut werden können, so fallen die alluvialen Eisenerze Mecklenburgs bei strengem Maßstab nicht unter den Begriff des Erzes. Da die an feuchten Standorten liegenden, eisenreichen Massen jedoch unter früheren wirtschaftlichen Voraussetzungen eine große, Jahrtausende hindurch bis in die Neuzeit sogar die beherrschende Rolle als Eisenrohstoff gespielt haben, ist es berechtigt, wenigstens diejenigen, die unter den Begriff „Raseneisenerz“ fallen, auch heute noch als Erze aufzufassen.

Anders steht es mit den äolischen Schwermineralanreicherungen des Ostseestrandes und der Dünen, deren wirtschaftlich-technischer Wert, soweit er nicht noch ungeklärt ist, auf anderen Gebieten als auf denen der Metallgewinnung liegt. Diese Lagerstätten bleiben daher außer Betracht.

Die Eisenmineralien der norddeutschen Moore sind seit langer Zeit bekannt; es ist daher nicht verwunderlich, daß sie eingebürgerte volkstümliche Bezeichnungen führen, die auch heute noch gebräuchlich sind: Der Sammelname für alle festen Raseneisenerze in Mecklenburg ist „Klump“, während im pommerschen Landesteil andere Bezeichnungen je nach der Beschaffenheit gebräuchlich sind. (Im Gegensatz zum Klump führt der Ortstein, dessen Unterschied vom Raseneisenerz dem Landmann von jeher gut bekannt ist, die Bezeichnung „Ur“ oder, wie in Südwest-Mecklenburg, „Bulle“).

Auch ist es seit langer Zeit Gepflogenheit, die alluvialen Eisenmineralien nach der Farbe zu benennen: Brauneisenerz deckt sich im allgemeinen mit den verschiedenen Abarten des Raseneisenerzes; Blaueisenerz ist Vivianit; Weißeisenerz ist Eisenspat und die in Südwest-Mecklenburg sogenannte „Rote Erde“ bezeichnet im allgemeinen in Oxyd umgewandelten Eisenspat (vgl. unten). (Weitere Lokalnamen für die Rote Erde sind Brinker oder Rotfien.)

BESCHREIBENDER TEIL

1. Petrographie

Die Petrographie der alluvialen Erze, insbesondere des Raseneisenerzes, ist zu bekannt, als daß sie hier erneut geschildert werden müßte. Es sollen daher lediglich die im Land Mecklenburg (einschließlich Vorpommern) auftretenden Abarten kurz erwähnt werden:

1. Erdiges Erz (in Pommern „loser Graupenstein“, in Mecklenburg stellenweise auch Brinker oder Rotfien): Es ist immer braunrot und fühlt sich lehmig, selbst im trockenen Zustand gleichsam schmierig an; getrocknet unterscheidet es sich lediglich durch die Farbe von trockenem Torf. Es handelt sich um eine Imprägnation des Torfes mit Eisenverbindungen, die durch Übergänge mit der eisenfreien Umgebung verbunden ist. Die Mächtigkeit des erdigen Erzes kann bis 60 cm betragen, wenn die allmählichen Übergänge nicht gerechnet werden.

Innerhalb von 1. kommt örtlich in meist kleinen Mengen die „Rote Erde“ vor: amorpher Eisenocker von feinmehliger, selbst im nassen Zustand poröser und gleichsam trockener Beschaffenheit. Die Rote Erde ist ebenso wie das Erdige Erz nicht verhüttbar, sondern kommt lediglich als Absorptionsmittel bei der Leuchtgasherstellung in Betracht. Wahrscheinlich handelt es sich bei der Roten Erde in der Mehrzahl der Fälle um oxydiertes Weißeisenerz (s. d.).

2. Das eigentliche Raseneisenerz, der Klump, in Pommern Schalen- oder Kaulenstein genannt, da es nur mit Picke und Haue zu gewinnen ist, hat die bekannte schlackenartige Beschaffenheit und die von braun über dunkelbraun bis blauschwarz wechselnde Färbung. Es ist hart, schwer und zeigt häufig metallischen Glanz. Es tritt zumeist klumpen- und nesterförmig auf, hier und da jedoch auch schichtig und plattig, gelegentlich mit Bändern von hellem Sand. Das Material ist im allgemeinen, d. h. sofern der Kieselsäure-(Sand-)gehalt nicht zu hoch ist, verhüttbar. Die Mächtigkeit schwankt zwischen wenigen Zentimetern und maximal etwa 1,0 m.

Nach unten geht der Klump nicht selten in eine weiche Modifikation von höherem Wasser- und anscheinend auch höherem Eisengehalt, bräunlichroter Farbe (etwa wie das entstehende Erz in ockerführenden Wiesengräben unterhalb der obersten Schlammschicht) über.

BÄNDEL hat einige Analysen gegeben, aus denen, wenn eine Verallgemeinerung erlaubt ist, hervorgeht, daß der SiO_2-Gehalt am Rande der Lagerstätte am größten ist und das Erz hier häufig in „Sandiges Erz“ (s.u.) übergeht und als eisenfarbener Sand ausklingt. B. glaubt ferner feststellen zu können, daß vom Rand der Lagerstätte zu ihrer Mitte der Fe-Gehalt und der P-Gehalt zunehmen, während Mn abnimmt. Damit hängt offenbar zusammen, daß nicht nur die

Härte nach der Mitte hin abnimmt, sondern auch die Farbe sich von schwarzbraun allmählich in rotbraun und gelbbraun verändert; denn anscheinend ist die Farbe um so dunkler, im äußersten Fall blauschwarz, je höher der Mangangehalt ist.

Im Untersuchungsgebiet treten Weißeisenerz und Vivianit offenbar nie selbständig, sondern immer mit Klump vergesellschaftet auf, so daß sie hier Platz finden müssen.

Da diese beiden Mineralien ebenfalls ausreichend bekannt sind, ihre Zusammensetzung auch aus den unten gegebenen Analysen hervorgeht, genügt es, hier ihr Auftreten innerhalb der Lagerstätte zu beschreiben:

a) Das Weißeisenerz (Eisenspat) unterscheidet sich durch helle, örtlich fast weiße Farbe und weiche, der Roten Erde entsprechende Beschaffenheit vom Klump. Es tritt stets in feuchten Partien unterhalb des Raseneisenerzes oder in kleinen, unregelmäßig gestalteten Hohlräumen innerhalb des Klumps auf, so daß Bandel im Anschluß an ältere Autoren sekundäre Entstehung vermutet: Das Eisenhydrat bzw. -oxyd sei durch CO_2 reduziert und in Karbonat umgewandelt worden.

b) Der Vivianit (Blaueisenerz) erscheint in gleicher Weise wie das Weißeisenerz unterhalb und innerhalb des eigentlichen Brauneisenerzes, so daß Bandel auch hier sekundäre Entstehung annehmen zu dürfen glaubt. Demnach scheinen Weiß- und Blaueisenerz im Untersuchungsgebiet lediglich an sauerstofffreien Stellen aufzutreten.

Klump mit seinen Einschlußmineralien tritt ausnahmslos im Bereich von Flachmooren, niemals in sauren Hochmoorböden auf. Meist ist die hangende Decke nicht stärker als 10—20 cm. Oberflächlich ist die Lagerstätte an der Bodenfarbe nicht erkennbar.

3. Sogenanntes Sandiges Erz, Eisensand: Die Bezeichnung Erz ist in diesem Falle nicht gerechtfertigt, da es sich lediglich um einen durch Eisenverbindungen rot oder rotbraun gefärbten Sand von niedrigem Eisengehalt handelt. Der Eisengehalt beschränkt sich darauf, die einzelnen Sandkörnchen als dünne Haut zu umhüllen.

4. „Loser Graupenstein" (Pommern) wird von Bandel als „erbsengroße Klümpchen" bezeichnet, von Gaertner als „Knollen". Sein Auftreten wird am besten durch den im südwestlichen Mecklenburg gebräuchlichen Ausdruck „Klirrwisch" gekennzeichnet: Wiesen (plattdeutsch = Wisch), deren Boden das Erz in dieser Form enthält, machen sich beim Mähen dadurch bemerkbar, daß das Erz klirrend über die Sense läuft. Es handelt sich um kleine, von Sand- bis Kiesgröße schwankende, manchmal auch haselnußgroße Klümpchen von hartem Raseneisenerz, die isoliert im Moorboden liegen und nach der Entwässerung sich auf der trockenen Bodenoberfläche anreichern können. Eigentlich sind diese Klümpchen ein Grenzfall der unter 1. genannten Form der Imprägnation, konzentriert um organische Reste oder einzelne Sandkörnchen. Daß solche Konzentrierungen die genannte Größe erreichen, läßt sich vielleicht auf Adsorption seitens der ersten Rosthülle des Konzentrationskernes zurückführen.

2. Lagerstätten

a) Geographisch-geologische Situation

Lagerstätten alluvialer Eisenerze sind aus dem ganzen mitteleuropäischen Vereisungsbereich und weit darüber hinaus bekannt.

Da die klimatischen Voraussetzungen für die Entstehung von Lagerstätten und wohl auch für ihren Chemismus im kristallinen Nordeuropa offensichtlich wenigstens graduell von den norddeutschen Verhältnissen abweichen, sollen sie hier außer Betracht bleiben. Ebenso bleiben die Verhältnisse jenseits der mecklenburgischen Grenzen außer Ansatz, da sie offenbar nichts wesentlich Abweichendes erbringen würden. Denn ein Blick auf die Nachbargebiete von gleichem geologischem Bau ergibt, daß die Erfahrungen im ganzen südlichen Ostseebereich sich mit den mecklenburgischen Beobachtungen decken, diese also nur einen Ausschnitt aus einem größeren geographischen Gebiet berücksichtigen, das sich offenbar einheitlich verhält: So treten nennenswerte Lagerstätten in Ostpreußen heute nur noch im Sandergebiet auf, in der Gegend von Schleswig (nach Klüpfel bei Kohl 1931) offenbar immer in rinnenförmiger Gestalt und in Nordwestdeutschland und den Niederlanden (Oosting 1937) in alten bzw. ehemaligen Bachtälern inmitten von Talsand — Feststellungen, die in gleicher Weise auf das Untersuchungsgebiet zutreffen. Denn in Mecklenburg (einschließlich Vorpommern) ist das Sandergebiet des Südwestens deutlich bevorzugt, ebenso die sogenannte nordöstliche Heide (Rostocker Heide i. w. S.), sowie die Ückermünder Heide; isolierte Vorkommen im Moränenbereich spielen demgegenüber zahlenmäßig keine nennenswerte Rolle.

Für Vorpommern gilt nach den Mitteilungen von Oberrascher folgendes: Abgesehen von einem einzigen genauer bekannten Vorkommen von Quellerz treten sämtliche bekanntgewordenen Lagerstätten und kleineren Vorkommen in alluvial gefüllten Senken auf, und zwar anscheinend ausschließlich an den Rändern der Niederungen, an denen humose Ablagerungen in den (sandigen) Mineralboden übergehen. Oberflächlich wird diese Feststellung dadurch unterstrichen, daß die Erze meistens an der Grenze von höhergelegenem Wald zur tiefer gelegenen Wiese liegen. Fast immer handelt es sich um sandige Umgebung, sowie um mehr oder weniger gebleichte Waldbodenprofile, in denen der Eisengehalt mobilisiert ist.

Das gilt für das kompakte Raseneisenerz, während erdiges Erz, also Eisenimprägnation von Moorboden, auch abseits der Senkenränder inmitten von Flachmoortorf auftreten kann, wobei übrigens zu bemerken ist, daß auch das kompakte Erz fast immer in erdiges Erz gebettet erscheint. Man könnte daraus vorwegnehmend schließen, daß der eigentlichen Lagerstättenbildung Imprägnation vorausging und folgte.

Zusammenfassend ergibt sich für das geologisch-topographische Auftreten bei erster Betrachtung der Vorkommen also: Bindung der Lagerstätten an alluviale Senken, bevorzugt an deren Ränder, in sandiger Umgebung, deren Böden zumeist den Charakter „gebleichter Waldböden" tragen. Mineralisierungen von Torfböden sind daneben möglich, so daß Imprägnationen, Vivianit und Eisenspat auch isoliert inmitten von Flachmooren auftreten können. In Hochmoortorfschichten sind bisher anscheinend weder Lagerstätten noch Einzelmineralien bekanntgeworden.

b) Form und Profil

Bei der übrigens recht seltenen Beschreibung von Eisenerzlagerstätten des norddeutschen Alluviums ist bisher in fast allen Fällen der Fehler begangen worden, daß man Bildungsraum und Form des Erzkörpers nicht unterschied, vielmehr beide einfach gleichsetzte. So ergaben sich in der Mehrzahl der Fälle Vorratsschätzungen, die wahrscheinlich erheblich über die tatsächlich vorkommenden Mengen hinausgingen.

Der Grundriß der Lagerstätten ist nur in verhältnismäßig seltenen Fällen voll von Erz eingenommen; dieses tritt vielmehr innerhalb des durch den Grundriß bezeichneten Bildungsraumes immer mehr oder weniger nesterförmig, also punkt- und flächenweise angereichert, auf. Imprägnationen und isolierte Klumpen und Knöllchen täuschen häufig eine durchgehende Lagerstätte abbaufähigen Gehaltes vor. Es ist also zu unterscheiden zwischen der Form des Bildungsraumes und dem innerhalb desselben örtlich angereicherten Erzes selbst. Die in dieser Hinsicht bisher genauesten Untersuchungen hat Bandel 1937 geliefert. Er unterscheidet für seinen Ermittlungsbereich in Südwest-Mecklenburg 3 Lagerstättentypen, die er allerdings nicht immer mit befriedigender Genauigkeit trennt:

a) In schmalen Streifen zu beiden Seiten eines Wasserlaufes innerhalb alluvialer Senken auftretende Lagerstätten bezeichnet er als Bachtypus.

b) Größere Erzanreicherung einseitig zu einem Wasserlauf, meistens an Flüßchen liegend, bezeichnet Bandel schlechtweg als Nestertypus, da es sich hierbei nie um großflächig durchgehende Lagerstätten handelt.

c) Große, flächig ausgedehnte Nester, die offenbar hauptsächlich oder ausschließlich in Talerweiterungen (Buchten) und in breiten Tälern langsam fließender Bäche auftreten, nennt B. etwas unklar Randzonentypus.

Zusammenfassend stellt B. fest, daß keiner dieser Typen sich in zu- und abflußlosen Geländevertiefungen findet, eine Feststellung, die von vornherein durchaus die Wahrscheinlichkeit für sich hat, da ja die Anreicherung von Erz den Transport von außerhalb der Bildungsstätte auf diese hin voraussetzt.

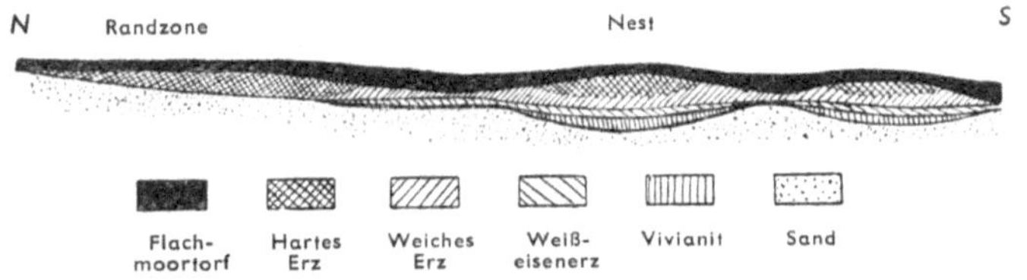

Abb. 1. Profil Erzlager Syckau (unverändert übernommen aus Bandel 1937)

Ähnliche Fragestellungen haben der Untersuchung von Oberrascher in Pommern nicht zugrunde gelegen, wohl aber liefert dieser Autor eine etwas eingehendere Beschreibung eines einzelnen größeren Lagers aus Vorpommern: Bei Lubmin tritt ein Raseneisenerzvorkommen auf, das bei 500 m Länge und mehr als 60 m Breite eine Talsenke einnimmt — also auch hier Rinnenform der Bildungsstätte, wie in fast allen Fällen des mecklenburgischen Sandergebietes, wie auch ebenso in Schleswig, den Niederlanden und Ostpreußen. Innerhalb dieser Rinne setzt die Eisenanreicherung vom Rand her mit „Mull“ ein, womit Oberrascher offenbar das Gleiche meint, wie die hier gewählte Bezeichnung „Erdiges Erz“. Das Erdige Erz geht gegen das Tiefste der Mulde hin in festes Erz über, das dort mehrfach in zwei übereinanderliegenden Schichten festgestellt wurde.

Das Profil dieser Lagerstätte wird folgendermaßen angegeben:

Rasendecke	10 cm
„Mull“	20 cm
Dichtes Erz	20 cm
Heller Sand	5—10 cm
Sand und Erz verkittet bis zu	20 cm

(diese untere Erzlage kann auch fehlen)
(Analysen hierzu vgl. Seite 11)

Es ist nicht anzunehmen, daß das Profil an anderen Stellen wesentlich abweichend gestaltet ist. Es besteht jedoch der Verdacht, daß der Bildungsraum nicht lückenlos mit Erz angefüllt ist, sondern wie in praktisch allen Fällen das Erz nesterförmig auftritt.

Das Lager Borchtitz auf Rügen, das Oberrascher sehr genau abgebohrt hat, kann nicht als typisch für die norddeutschen Lagerstätten gelten, da es seine Entstehung offensichtlich einer eisenreichen Quelle verdankt; dem entspricht auch, daß das Lager mit kalkigen Absätzen gekoppelt ist und sich in hängiger Lage befindet. Rund um die eisenspendende Quelle befindet sich ein von Mullerz, also wohl imprägniertem Humusboden bedeckte Fläche, an die in leicht abfallendem Gelände eine 168:110 m große Fläche anschließt, die offenbar durchgehend (?) von kompaktem Erz eingenommen wird, das in 10—20 cm Mächtigkeit unter Humus und über Quellkalk liegt und selbst ausnehmend kalkhaltig, sogar makroskopisch kalkstreifig ist. Das Profil zeigt also unten 20 cm Humussand, 10 bis 20 cm Mull und kompaktes Erz über kalkigen Quellabsätzen. Es handelt sich nach den Analysen und Versuchen der Lübecker Hochofenwerke, die der Verfasser hat vornehmen lassen, infolge des Kalkgehaltes um ein ausgesprochen selbstgehendes Erz (Analysen siehe Seite 11). Was bei Lubmin und Borchtitz der Fall ist, nämlich daß die Hauptmasse des Erzes in flachen Bodenvertiefungen liegt, ist offensichtlich typisch für alle Raseneisenerz-Lagerstätten des Untersuchungsbereiches; denn die gleiche Feststellung hat Bandel getroffen, sie deckt sich auch mit eigenen Beobachtungen: Erzkonzentrierungen treten immer in „Kuhlen“ des Sanduntergrundes auf.

Zum Vergleich ein Profil des Lagers von Gervin im Kreis Kolberg:

humoser Sand 10 cm
Erdiges Erz 5 cm übergehend in nach unten dunkel und kompakt werdendes Erz 20 cm
Sand.

Dieses Lager hat eine Ausdehnung von 45 zu 20 m bei einer maximalen Mächtigkeit von etwa 25 cm.

Auch das in den letzten 20 Jahren wohl best aufgeschlossene Lager, das von Syckau westlich von Lübtheen, das sowohl BANDEL wie dem Verfasser bekannt geworden ist, zeigt gleichartige Lagerungsverhältnisse. Aus Abbildung 1 geht hervor, daß das Profil von oben nach unten Flachmoorhumus, „weiches Erz", Weißeisenerz und Vivianit über Sand zeigt. In das weiche Erz sind Nester von kompaktem Erz eingelagert, die sich randlich zu größeren Flächen zusammenschließen und den Eindruck eines Eisernen Hutes machen. Offenbar ist

Abb. 2. Profil Syckau (Aufn. Verf.)

1 = Grasnarbe, rd. 5 cm

2 = Erdige Grundmasse, zurücktretend gegen Erzklümpchen und -brocken (a trocken, b feucht, sonst keine Unterschiede), rd. 20 cm

3 = tonig-torfiger, vorwiegend rostfarbiger „Grundwasserboden" mit angeblich 30—40 % Fe, rd. 15 cm aufgeschlossen (helle Stellen dürften Eisenspat sein)

(Ledertasche 19 cm hoch)

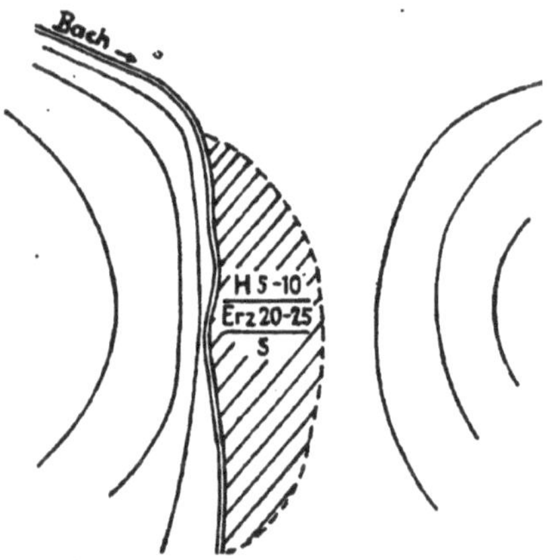

Abb. 3. Vorkommen Tessin bei Boizenburg (nach Bandel, ohne Maßstab)

das kompakte Erz als Oxydationszone des weichen Erzes aufzufassen, das seinerseits den Eindruck eines Überganges zwischen dem hangenden Raseneisenstein und dem liegenden Weißeisenerz (Eisenspat) erweckt, während der liegendste Vivianit an Ort und Stelle sich durch Überhänge mit dem Eisenspat verbunden zeigt und somit gleichsam als Fazies des Weißeisenerzes erscheint.

Was unter hartem und weichem Erz zu verstehen ist, erhellt aus Abbildung 2, die unter der Grasnarbe (1) eine Anhäufung von Erzklümpchen und größeren Brocken in stark zurücktretender erdiger Grundmasse aufweist, die nach unten feuchter und dunkler wird.

Das vollständige Profil, daß durch die Farben schwarz, braunweiß und blau gekennzeichnet ist, findet sich entsprechend den obigen Ausführungen lediglich in und über flachen Kuhlen des sandigen Untergrundes in den mittleren Teilen des Bildungsraumes, während die Randzonen bis auf den Untergrund durchoxydiert sind.

Ob es demnach berechtigt ist, diese Randfazies als eigenen Typ aufzufassen, erscheint zweifelhaft, obwohl es denkbar ist, daß solche bis auf den Untergrund oxydierten Anhäufungen auch für sich auftreten. Lediglich wenn solche „Randzonenvorkommen" Anzeichen von abweichender Beschaffenheit führen, ist eine besondere Benennung am Platze: Bei Tessin unweit Boizenburg (Abb. 3) handelt es sich um ganz besonders hartes und bläulich-braunes Erz, das nicht nur durch seine Lage an der Leeseite (?) eines Wasserlaufes, sondern auch durch die schwer zu beschreibende Lagerung und Anhäufung den Eindruck macht, als sei es im toten Winkel von der Strömung angeschwemmt worden und habe sich hier mit dem vorhandenen Sand innig vermischt. Da organische Beimengungen und Phosphorgehalt (0,4 Gewichtsprozent P, bzw. im Höchstfall 2,17 % Gesamt-Phosphorsäure) hier im Gegensatz zu anderen Vorkommen stark zurücktreten, muß eine gesonderte Art der Entstehung angenommen werden. Selbstverständlich ist das Erz nicht im festen, „fertigen", sondern im flockigen, schlammigen Zustand sedimentiert worden (s. unten).

Zusammenfassend kann also festgestellt werden, daß Erzanreicherungen den jeweiligen Bildungsraum im allgemeinen nur nesterweise füllen, wobei die Nester durch minder erzreiche Übergänge miteinander verbunden sein können. Auch „flächige" Erze, wie die Randzonenvorkommen BANDELS sind nichts anderes als ausgedehnte Nester. Nester treten ferner — offenbar ausschließlich — in Bodenvertiefungen des Untergrundes auf. Die Erzmächtigkeit schwankt für gewöhnlich von Meter zu Meter. Das Hangende besteht ausnahmslos aus Flachmoor- bzw. Wiesentorf. Die Lagerstätten treten immer in Verbindung mit fließendem Wasser auf, bzw. in Räumen, die das frühere Vorhandensein von fließendem Wasser sicherstellen.

DEUTENDER TEIL

1. Stoffbestand und Chemismus

Hinsichtlich des Chemismus der Eisenlösung, -wanderung und -ablagerung gehen die Ansichten in Einzelheiten z. T. auseinander, doch dürften die Grundzüge des Vorganges im wesentlichen feststehen. Es handelt sich dabei um weitgehend kolloidalchemisch ablaufende Prozesse, bei denen Oberflächenwirkungen eine große Rolle spielen.
Rein chemisch gesehen dürfte der Hergang folgender sein:

Erforderlich ist in jedem Fall für die Einleitung des Prozesses die Gegenwart von organischer Substanz, die einerseits Kohlensäure an die Bodenluft abgibt, andererseits kolloidale Humusstoffe zur Verfügung stellt. In Gegenwart von Wasser löst die Kohlensäure das im Boden nirgends fehlende Eisen als Ferrokarbonat, bzw. die „Humussäure" als Ferrohumat, das in elektrolytarmem Wasser gelöst bleibt. Auch als Ferrohydrosol wird das Eisen mobilisiert, bzw. es entsteht durch Zersetzung aus Ferrokarbonat und -humat.

In reduzierender Umgebung, wie über Faulschlamm bei Gegenwart von naszierendem Sauerstoff und Methan (Fäulnisbakterien) und von Schwefelwasserstoff, den Schwefelbakterien aus Zellsubstanz freisetzen, wandeln Ferriverbindungen sich in Ferroverbindungen um. Diese gehen mit Kohlensäure in Karbonat, das bei Gegenwart von Phosphor (aus Alkaliphosphaten oder verwesender Substanz) Ferrophosphat enthält, und durch Humussäuren in Humat über. Diese wasserlöslichen Verbindungen werden auf chemischem oder organischem Wege in Oxyde bzw. Oxydhydrate umgewandelt, d. h. in Raseneisenerz und Vivianit.

Unter weniger stark reduzierenden Verhältnissen geht Eisen in Adsorption an Humusverbindungen (vielleicht auch als Humat) in Lösung und fällt bei Zerstörung der organischen Substanz bzw. bei Änderung der Wasserstoff-Ionenkonzentration (Kalk, Meerwasser) aus.

(Treten eisenführende Quellwässer am Seeboden aus, so entsteht bei Gegenwart von Schwefelwasserstoff Markasit, der leicht in schwefelsaures Eisen und weiter in Ferrohydroxyd übergeht.)

Außer durch Oxydation ist Ausfällung auch durch Elektrolyte, kolloidale Kieselsäure und Humusstoffe möglich (welch letztere bei geringer Menge als Schutzkolloide wirken). Niederschlag auf koprogenen Sedimenten führt zur Bildung von Pulvererz.

Auch Organismen, insbesondere Eisenbakterien, nehmen Oxydulsalze auf, die im Zell-Leib oxydiert und als Oxyd abgeschieden werden. Ähnlich geschieht der Vorgang im Innern von Eisenalgen; doch schlägt sich Eisenoxyd auch auf deren Oberfläche nieder, wobei der durch den Assimilationsprozeß frei werdende Sauerstoff eine Rolle spielt. Diese Niederschläge werden durch Wellenbewegung alsdann abgeschüttelt.

Weißeisenerz hingegen entsteht unter Luftabschluß: Eisenoxydulkarbonat wird, durch Humuskolloide geschützt, in Lösung gehalten und füllt moorinnere Hohlräume. Da etwaiger Wasserverlust infolge Verdunstung laufend durch Zustrom ergänzt werden kann, steigt der Eisengehalt der Lösung ständig an. Überschüssige Kohlensäure entweicht durch Temperatursteigerung im Verlauf der Jahres- und Tageszeiten, sowie durch die bei Fäulnis vor sich gehende Gasentwicklung. Vielleicht auch beschleunigt durch kolloide Kieselsäure fällt Eisenoxydulkarbonat als Gel aus.

Der geschilderte Chemismus kann folgendermaßen realisiert werden:

1. Lösung des Eisens im Mineralboden bei Gegenwart von kohlensäureführender Bodenluft und Wasser, also unter Voraussetzungen, die im Untersuchungsbereich überall gegeben sind. Auch Humus- und andere organische (auch anorganische) Säuren und Humuskolloide sind bei uns praktisch allgegenwärtig. Der große Prozentsatz mehr oder minder saurer Böden spricht dafür.

2. Das gelöste Eisen kann durch Elektrolyte und Austrocknen des Bodens, auch an verwesenden Pflanzenwurzeln, in Wurmgängen und grobkörnigen Bodenschichten nach ganz kurzem Transportweg in sogenannten Gleihorizonten alsbald wieder ausgefällt werden.

3. Längerer Transport im Boden ist möglich, wenn Sauerstoff fehlt und auch fällende Elektrolyte und Humusstoffe in ausreichender Menge nicht zur Verfügung stehen. Auch diese Voraussetzungen sind häufig gegeben. Das Fehlen von fällenden Organismen im Boden unterstützt den Vorgang.

4. Ausfällung des gelösten Eisens geschieht in Berührung mit dem Sauerstoff der Luft, so an Grundwasseraustritten, wo sich eisenreiche Quellabsätze bilden können; ferner in offenen Wasserläufen, auch Gräben. Hier werden die Ferroverbindungen vielfach in Ferrihumate umgesetzt, die als die bekannten „Ölhäutchen" auf stillem Wasser (offenbar im Tageszeitenrhythmus) entstehen. Das Ferrihumat wird zu Ferrihydroxyd, das Ferrokarbonat ebenfalls. Der durch den Assimilationsvorgang frei werdende Sauerstoff macht die Unterwasserpflanzenwelt zum bevorzugten Ausfällungsort. Watteartiger Ocker ist das Ergebnis. Diese Watte sinkt gemeinsam mit dem Ölhäutchen in leichten Flocken zu Boden und häuft sich dort zu schlammigem Ocker an, der, alternd, Wasser verliert und sich um organische und anorganische Kerne herum, wie Sand, Sporen, Pollen, Exkremente und gröbere Pflanzenteile zusammenballt. In jedem Fall also ist die Gegenwart von Sauerstoff Voraussetzung für die Ausfällung des Eisens.

(Ganz Entsprechendes gilt für die Bildung von See-Erz: Sogenanntes Seeuferez bildet sich, wo Grundwasser in sauerstoffreiches Seewasser austritt, und Seebodenerz, wo im Jahresrhythmus mobilisiertes Eisen bei Sauerstoffzunahme oxydiert wird. Beide schlagen sich um organische und anorganische Kerne herum nieder, und zwar in meist glatten, runden Formen, da ihr Bildungsraum nicht, wie beim Raseneisenerz durch Pflanzen beengt ist.)

Mangan kann in allen Fällen neben das Eisen oder an dessen Stelle treten. Beim Fehlen von Sauerstoff bzw. in reduzierender Umgebung entsteht, wie gesagt, Eisenoxydulkarbonatgel, eine weiche, käsige, weiße Masse mit geringem Eisengehalt (vgl. Analysen), die neben dem Hauptbestandteil Fe CO_3 auch Eisenoxyde, Phosphor und andere Stoffe enthält. Bei Zunahme des P-Gehaltes geht das Karbonat in Phosphat über, das bei Luftzutritt blau wird und, wenn auch erheblich langsamer als das außerordentlich schnell oxydierende Karbonat, allmählich die Farbe des Brauneisens annimmt. Beide aber, Weißeisenerz sowohl wie Vivianit, behalten auch nach der Oxydation ihre feinmehlige, gleichsam trockene Beschaffenheit, die sie vom Raseneisenerz unterscheidet. Da Phosphor im Bildungsraum nirgends ganz fehlt und sich örtlich anreichern kann, erscheint der Vivianit, der im wesentlichen aus wasserhaltigem Eisenoxydulphosphat bzw. später Eisenoxydphosphat besteht, gleichsam als Fazies des Weißeisenerzes.

Prüft man, wie weit die unerläßlichen Bildungsbedingungen bei den verschiedenen Abarten des Raseneisenerzes erfüllt sind und deren Auftreten zu erklären vermögen, so ergibt sich:

1. Das Erdige Erz, das häufig „Rote Erde", d. h. wohl zumeist oxydierten Eisenspat, einschließt und als Imprägnation des Torfes erscheint, kann entweder im werdenden, noch lockeren Torf als Brauneisen entstehen oder im dichteren Torf unter Luftabschluß als Spat, der nach der Trockenlegung des Moores zu Roter Erde oxydiert.

2. Der eigentliche Klump kann nur in offenem Wasser entstehen, da Hohlräume von ausreichender Größe im Torf jeden Altersstadiums fehlen; auch die plattigen oder schichtigen und gar die mit eisenfreien Sandzwischenlagen wechselnden Vorkommen sprechen dafür. Ebenso läßt das gelegentlich beobachtete Auftreten von Kunstprodukten im Erz nur den Schluß zu, daß letztere an der Oberfläche des Moores in Wasserlachen vom werdenden Erz umhüllt wurden.

Der primäre Übergang in liegendes, weicheres und feuchteres, kolloid-chemisch jüngeres Erz spricht für oberflächliche Bildung des Brauneisenerzes. Die im Untersuchungsbereich häufigen Einschlüsse von Weiß- und Blaueisen, ebenso wie das Auftreten von diesen beiden im Liegenden des Raseneisenerzes, bezeichnen die sauerstoffarmen Hohlräume sowie, daß der Luftabschluß bis heute erhalten geblieben ist. Diese Verhältnisse legen aber auch den Verdacht nahe, daß in verwandten Fällen Brauneisen z. T. als Eisener Hut des Weißeisenerzes aufzufassen ist. Doch weicht dann die Struktur von der des schlackigen Raseneisenerzes deutlich ab. Denn die schlackige Struktur läßt sich wohl nur dadurch erklären, daß die Ausfällung des Eisens inmitten dichter Pflanzenmassen erfolgt ist. Denn sowohl das in Hohlräumen abgesetzte Weißeisen, wie auch die kleinen Knollen von See-Erz lassen diese Struktur im allgemeinen vermissen.

3. „Sandiges Erz", besser als Eisensand zu bezeichnen, entsteht bei Gegenwart von wenig Eisen und viel Sand. Um relativ mächtige Schichten von Eisensand erklären zu können, muß angenommen werden, daß der Sand ständig durchbewegt wurde oder im gleichen Maße, wie die Eisenausfällung erfolgte, laufend abgelagert worden ist. Ohne diese Voraussetzungen hätte es lediglich zu einer oberflächlichen Imprägnierung des sandigen Untergrundes kommen können.

4. Die erbsen- bis nußgroßen Klümpchen, die Knollen der „Klirrwiesen" stellen offenbar nichts anderes dar, als eine kleinkörnige Abart des Klump; sie fehlen in keinem Vorkommen ganz. Oft sind sie durch künstliche Ausräumung des eigentlichen Klump relativ angereichert und beherrschen nunmehr das Bild der zum großen Teil ausgebeuteten Lagerstätten. Auch sie also dürften auf Entstehung in offenen Wasserlachen, wenn auch winzigen Umfangs, im werdenden Moor zurückzuführen sein.

Primäres Brauneisen, d. h. Raseneisenerz in allen seinen Abarten, kann demnach nur an der Mooroberfläche in etwas bewegtem Wasser entstehen; sekundäres Brauneisen, das die ursprüngliche Struktur des Karbonats und Phosphats erkennen läßt, entsteht bei der Freilegung ehemals luftferner Moorteile aus unoxydierten Vorkommen.

Die gelegentlich diskutierte oder glattweg unterstellte Entstehung im Grundwasserschwankungsbereich wäre demnach nur dort möglich, wo der Schwankungsraum nicht durch dichte Bodenschichten von der Luft abgeschlossen ist. Zudem kann Klump so überhaupt nicht zustandekommen, da es an Raum fehlt. Ebensowenig wohl auch die kleineren „Knollen". Bestenfalls sind im Grundwasserschwankungsbereich geringmächtige Imprägnierungen von Moorschichten möglich, die durch Entwässerung trockengelegt sind. Aber auch dieser Fall ist selten, da künstlich gesenkte Grundwasserspiegel im allgemeinen nahezu stabil gehalten werden, also wenig schwanken. Eisenabsätze aus Grundwasser sind daher nur in Mineralböden im größeren Umfange möglich, führen jedoch auch hier höchstens zu eisenarmen Verkittungen meist geringmächtiger Horizonte. Der Anschein ortseigener Herkunft der Eisenlösungen kann da entstehen, wo Lösungsort (Moorrand) und Bildungsraum dicht zusammenliegen. Aber aus dem unmittelbaren Mooruntergrund kann das Rohmaterial für die Klumpbildung nicht stammen, da hier keine Oxydation möglich ist.

(Über die Neubildung, das sogenannte Nachwachsen, ausgeräumter Lagerstätten vgl. unten Seite 14.)

Zusammenfassung:

Herkunft der Lösungen, Transportart und -weg sind für die Entstehung von Raseneisenerz, Weißeisenerz und Vivianit die gleichen. In sauerstoffführenden Bildungsstätten entsteht das erstere, bei Fehlen von Sauerstoff die beiden letzteren. Die Bildungsvoraussetzungen für See-Erze sind grundsätzlich denen der Raseneisenerze gleich.

Hinsichtlich der stofflichen Beschaffenheit ist allen der Eisengehalt gemeinsam (daneben akzessorisch Mangan), sowie der Phosphorgehalt.

Die Struktur des Raseneisenerzes wird durch den von Vegetation erfüllten Bildungsraum bestimmt, während die übrigen Erzformen an pflanzenfreien Orten ausgefällt werden.

Übergänge verbinden sämtliche Erze innerhalb des gleichen Bildungsraumes.

Übergänge von See-Erz zum Weiß- und Blauerz sind, da die Bildungsstätten getrennt sind, nicht möglich.

In ihrem Verhältnis zur Umgebung erscheint die Brauneisenimprägnation als syngenetisch oder auch epigenetisch, der Klump als in jedem Fall älter als die hangende Torfdecke, Weiß- und Blaueisenerz als epigenetische Bildungen „im fertigen Moor" bzw. Erzlager.

Die Imprägnation kann also, ebenso wie die Bildung der „Knollen", wie es vielfach geschieht, als Vorstufe der eigentlichen Raseneisenerzbildung aufgefaßt werden. Auch das sandige Erz (Eisensand) hat mit eigentlichen Klump genetisch nichts zu tun.

Die folgenden **Analysen** geben

1. Durchschnitts- und Grenzwerte pommerscher Erze,
2. Weißeisenerz- und Blaueisenerz-Gehalte sowie Angaben über den einschließenden Torf,
3. Zahlen über die Gehalte der „erbsengroßen Klümpchen",
4. zum Vergleich Angaben über die unter Wasserdeckung auftretenden See-Erze,
5. Angaben über die Veränderungen einer Lagerstätte vom Rand zur Mitte (Syckau),
6. profilmäßig angeordnete Untersuchungsergebnisse eines Lagers (Lubmin bei Greifswald),
7. verschiedene, Zufallsanalysen eines einzelnen Lagers (Borchtitz auf Rügen),
8. zum weiteren Vergleich eine hinterpommersche Analyse.

(Die Analysen sind offenbar ungleichwertig. Um keine höhere als die ihnen zukommende Genauigkeit vorzutäuschen, wurde von einer Umrechnung abgesehen.)

Alle in der Literatur angegebenen Analysen, wozu auch die hier zusammengestellten gehören, geben kein vollständiges Bild von den Verhältnissen des Auftretens und der Entstehung der alluvialen Eisenmineralien, da die Proben für gewöhnlich an den besten, zum mindesten jedoch nicht an den offensichtlich eisenärmeren Punkten der Lagerstätten gezogen werden. Und gerade diese könnten am ehesten Auskunft über die bei der Entstehung sich abspielenden Hergänge geben. Infolgedessen bleibt die Klärung der Entstehung im Letzten wohl immer noch offen. Das gilt insbesondere für die chemischen Vorgänge bei der Lösung, dem Transport und der Ablagerung des Eisens, während die Entstehung der Lagerstätten als solcher, aus der geologischen Situation erschlossen, leichter gedeutet werden kann.

1. Durchschnitts- und Grenzwerte Pommerscher Erze

(Gewichtsprozente nach etwa 26 von OBERRASCHER mitgeteilten Analysen)

	Durchschnitt	Maximal	Minimal
Fe	30,6	50,9	< 10
Mn	2,26	7,8	0,1
P	0,83	2,3	0,03
CaO	—	1,58	0,56
S	—	0,3	0,03

2. Weißeisenerz und Vivianit

a) nach GAERTNER (Mecklenburg):

	Eisenspat	Vivianit
$FeCO_3$	50—74 %	14,5—44 %
$Fe_3(PO_4)_3$	3,5—48 %	32,5—80 %
$Fe(OH)_3$	0,5— 9,0 %	— —
$CaCO_3$	1,5—13,5 %	3,0— 7,0 %
$Ca_3(PO_4)_2$	0,0 (?) %	0,0 (?)—17 %

b) nach KOHL (Durchschnitt aus 5 Analysen Bourtanger Moor):

Weißeisenerz		Aus Weißeisenerz hervorgegangenes Brauneisenerz	
FeO	17,36	Fe_2O_3 = 39 —60	Fe 27 bis 43 %
CaO	1,37	FeO = 1,5 — 5,8	
CO_2	11,07	MnO = 0,3 — 0,98	
H_2O	60,91	CaO = 1,05— 2,4	(P = 0,59 bis 1,8)
Glühverlust	6,54	P_2O_5 = 1,3 — 4,11	
		Glühverlust 20,8—35,5 (außer Wasser und CO_2)	

c) Mehrere Vivianite (nach GAERTNER)

I. Fe_2O_3 4,0—37,6; FeO 1,9—29,5; Mn_3O_4 0,4—11,6
P_2O_5 6,7—16,4
CaO 1,3— 3,0

II. FeO + Fe_2O_3 . 43 %
P_2O_5 . 25,8 %
CaO . 3,69 %
u. a.

d) Vivianitführender Torf (nach demselben)

zwei Analysen:

Fe_2O_3 24,7 (12,7)
P_2O_5 6,7 (4,4)
CaO 1,6 (1,9)
u. a.

3. a) Gehalte der „Knollen" (nach GAERTNER)

Fe_2O_3 67,8 —70,3 %
MgO 0,24— 0,27 %
CaO 8,9 — 9,3 %
P_2O_5 2,8 — 8,0 %
CO_2 0,96— 2,4 %
Mn_2O 8,8 —13,8 %
dazu: Sand, Ton, Organisches

b) „Knollen enthaltender Torf" (nach demselben)

Fe_2O_3 8,1—14,9 %
CaO 3,3 %
P_2O_5 8,1—10,6 %
u. a.

4. See-Erz

Schweden Fe 48,7; Mn 4,3; P 0,2; SiO_2 5,6; CaO ? (Oberrascher)
Madüsee FeO 38,3; P_2O_5 3,6; CaO 8,25; MnO 6,2 (Weltner).

5. Vom Rand nach der Mitte eines Rasenerzlagers

Warlitz sw. Hagenow (BANDEL 1937)

Rand	27,40 Fe	4,78 Mn	1,02 P	36,67 SiO_2
....	35,10	1,56	1,76	28,70
Mitte	43,80	0,45	2,67	13,19

6. Profil Lubmin bei Greifswald

(OBERRASCHER)

	Fe	Mn	P	SiO_2	CaO
1) Mischprobe	35,7	1,9	0,5	21,7	1,6
2)					
0—20 cm	24,8	0,6	0,2	45,4	—
—23 „	9,6	1,3	0,1	57,5	—?
—26 „	2,9	0,5	0,06	88,6	—
—30 „	25,9	0,9	0,2	38,7	—
—32 „	2,6	0,3	0,03	90,5	—
3) 20—30 cm	schwarzes Raseneisenerz				
	26,6	7,07	0,54	45,6	—

7. Verschiedene Proben aus einem Lager (Borchtitz/Rügen)

Fe	Mn	P	SiO_2	CaO
34,15	2,7	0,16	11,2	14,1
31,82	7,8	0,98	27,6	1,2
30,33	2,4	0,186	8,9	15,75

(vgl. Text! Borchtitz ist ein Sonderfall)

8. Zum Vergleich: Gervin B. Kolberg

(OBERRASCHER)

Fe	48,33
Mn	0,6
P	2,26
SiO_2	10,2
CaO	0,56

2. Entstehung der Lagerstätten

Über die Entstehung der Lagerstätten im weiteren Untersuchungsbereich liegen an neueren Untersuchungen die von OBERRASCHER und BANDEL vor. Für Pommern kommt OBERRASCHER zu Ergebnissen, die nicht ganz eindeutig formuliert sind. Er leitet ganz richtig die Herkunft des Eisens aus den diluvialen Böden ab, die ja nirgends frei von Eisen sind und besonders reich an diesem Stoff, wo sie gewisse Kreide- und Tertiärschichten in sich aufgenommen haben. Er erkennt auch, daß der Absatz von Eisen in der Gegenwart in offenem Wasser beobachtet werden kann, sowie daß die pommerschen Lagerstätten fast durchweg die Schichtenfolge Humus—Erz—Untergrund aufweisen. Er meint nun, daß der Eisengehalt der Lagerstätten aus dem liegenden Sand durch Grundwasser nach oben gebracht wäre und daß dabei das Grundwasser durch seitliche Zuflüsse aus dem Diluvium gespeist sein kann. Dazu käme die Entstehung von eisenhaltigen Quellabsätzen, von denen er ein besonders hübsches Beispiel (Borchtitz) anführt, ohne jedoch auch dieses eindeutig anzusprechen.

O. wertet die Beobachtung, daß das kompakte Erz meist in von ihm so genannten „Mull" gebettet ist, nicht für die Erklärung aus. Wenn das zutrifft — was aus OBERRASCHERs Profilen nicht hervorgeht —, dann wäre die Imprägnation des liegenden Torfes epi- oder syngenetisch erfolgt; alsdann hätte die eigentliche Lagerstätte im offenen Moorwasser gebildet werden müssen, worauf später wieder, nach Entstehung der Torfdecke, deren Imprägnation erfolgt wäre. Also auch diese Beobachtung läßt sich im Sinne der oben entwickelten Ableitung deuten.

Daß Imprägnation und Lagerstättenbildung getrennt werden müssen, ergibt sich unter Voraussetzung der Richtigkeit der OBERRASCHERschen Beobachtung schon daraus, daß zwar Mull (Imprägnation) ohne kompaktes Erz auftritt, also auch möglich ist, während die für die eigentliche Lagerstättenkonzentrierung erforderlichen Voraussetzungen seltener erfüllt sind.

Zu ganz anderen Ergebnissen kommt BANDEL in Südwest-Mecklenburg, und zwar zu Ergebnissen, die sich nahezu völlig mit den hier entwickelten Ansicht decken, wenn auch B. auf anderem Wege zu der Folgerung gelangt, daß die Erzvorkommen sich im offenen Wasser gebildet haben müssen: Er schließt das daraus, daß diese immer an Erweiterungen der diluvialen Talzüge bzw. an die Täler langsam fließender Bäche gebunden sind, sowie daraus, daß die Lagerstätten sich nach seinen Beobachtungen zumeist an Nord-, Nordost- und Osträndern der großen Täler finden, also eine gewisse Gesetzmäßigkeit der geographischen Anordnung erkennen lassen. B. führt diese Erscheinung, die er jedoch m. E. zu sehr verallgemeinert, auf besondere Wind- oder Strömungsverhältnisse zurück. Hingegen ist seine Ableitung wieder richtig, daß die Ausfällung des Eisenerzes in erster Linie an vegetationsreichen Örtlichkeiten erfolgt sein muß: Die Unterwasservegetation wirkt durch ihren Kohlensäureverbrauch, die Bereitstellung von Sauerstoff sowie als Schlammfang für das ausfallende Eisenerz. Da offene Lachen mit dichtem Pflanzenwuchs örtlich begrenzt sind, ergibt sich das ausschließlich nesterförmige Auftreten der Lagerstätten. Denn auch großflächige Vorkommen erweisen sich bei näherem Zusehen als in Nester aufgelöst. Die „Randzonenvorkommen", wie BANDEL großflächige Ansammlungen von Eisensand nennt und als auf flachen Sandstrand aufgespülten Ocker auffaßt, gehören nach dem oben Gesagten nicht hierher. Vielmehr müßte man derartige Vorkommen, sofern die BANDELsche Erklärung zu Recht besteht, als Sonderfall der See-Erzbildung auffassen.

Für die Entstehung im offenen Wasser spricht als schwerwiegendes Argument nicht nur die Größe der Klumpen und die häufig plattige Form des Raseneisenerzes, sondern auch ganz besonders das vielfach beobachtete Auftreten von eisenfreien Sandbänken im Erz. Wäre das Erz nicht sedimentiert, sondern vom Moorgrundwasser abgesetzt, so wären diese eisenfreien Zwischenmittel schlechthin unerklärbar.

Nach der BANDELschen Ansicht wäre der Klump also immer im offenen Wasser entstanden und in jedem Fall älter als sein Hangendes. Nur das „Erdige Erz“, das in der vorliegenden Arbeit als Imprägnation bezeichnet wird, muß ebenso wie das Weißeisenerz und der Vivianit innerhalb des „fertigen Torfes“ entstanden sein.

Wie weit die oben mitgeteilten Analysen des Vorkommens Warlitz bei Hagenow irgendwelche Gesetzmäßigkeiten repräsentieren, ist schwer zu entscheiden. Die 3 Analysen, die vom Rand nach der Mitte eines Erzlagers aufeinander folgen, zeigen eine deutliche Zunahme des Eisen- und Phosphorgehaltes nach der Mitte hin, der eine Abnahme des Kieselsäure- und Mangangehaltes entspricht. Wenn, wie gesagt, hierin eine Gesetzmäßigkeit zum Ausdruck kommt, so kann sie nur darin bestehen, daß das Eisen weniger leicht ausgefällt wird, als das Mangan, und deshalb weitere Wege zurückzulegen vermag. Ein Gleiches scheint für den Phosphor zu gelten. Der Kieselsäuregehalt dürfte ausschließlich der mechanischen Beimengung von Sand entsprechen, die selbstverständlich am Rande des Vorkommens reicher sein muß, als in der Mitte. Immerhin sind die Verhältnisse so unklar, daß von einer Verallgemeinerung der von BANDEL vermuteten Gesetzmäßigkeit vorerst besser Abstand genommen wird.

Die Diskussion der BANDELschen Ansichten ergibt weitgehende Übereinstimmung mit den hier entwickelten Folgerungen. Es dürfte demnach als feststehend anzusehen sein, daß das Raseneisenerz des Untersuchungsbereichs ausschließlich im offenen Wasser als Sediment entstanden ist, wobei die Bezeichnung „Offenes Wasser“ mit einem Körnchen Salz zu verstehen ist: Zweifellos wird der bevorzugte Bildungsraum dieser Lagerstätten in Lachen auf der Mooroberfläche bestanden haben, die von dichtem Pflanzenwuchs erfüllt waren. Die häufig streifenförmige Anordnung der einzelnen Vorkommen und die Rinnenform dieser selbst hängen mit den Strömungsverhältnissen der eisenbringenden Zuflüsse zusammen, die die räumliche Begrenzung auf schmale Zonen verstehen lassen. Das Auftreten in Talerweiterungen und ehemals stillen Buchten erklärt sich ohne weiteres aus den Sedimentationsbedingungen. Alle diese Erscheinungen sind gegenwärtig in schlecht oder nicht entwässerten Flachmooren zu beobachten, in denen sich ja auch heute noch solche Bildungsstätten von Eisenschlamm in gleicher Anordnung wie die subfossilen Lagerstätten finden.

Alle Weißeisenerze, der Vivianit, die Imprägnationen (erdiges Erz) und Sandverkittungen hingegen bilden sich im Moorboden selbst und sind an der Oberfläche nicht zu beobachten.

PRAKTISCHE FOLGERUNGEN

1. Das Aufsuchen von Lagerstätten

Das umfangreiche Schrifttum zur Geschichte der Eisengewinnung in geschichtlicher Zeit und zahlreiche Funde, die auf Eisenverhüttung in vorgeschichtlichen Zeiten hindeuten, lassen es als sicher erscheinen, daß es sich bei dem, was heute im Land an Erzen vorhanden ist, nur noch um allerletzte Reste handelt.

Es ist durchaus denkbar, daß alle Vorkommen im Laufe der jahrtausendelangen Nutzung, die bis weit in das vorige Jahrhundert hinein anhielt und damals erst aus Mangel an Rohstoffen einschlief, wenigstens einmal ausgeräumt worden sind.

Es ist ferner durchaus denkbar, daß alle heutigen Vorkommen neu, d. h. in junggeschichtlicher Zeit gebildet worden sind. Dafür könnte sprechen, daß sie so gut wie ausnahmslos in sandiger Umgebung liegen, also inmitteln von Böden, deren Eisen verhältnismäßig leicht mobilisiert werden kann. In lehmiger Umgebung hingegen fehlen Erze heute. Daß sie dort immer gefehlt hätten, ist angesichts vorgeschichtlicher Schlackenfunde in Lehmbereichen kaum anzunehmen. Hingegen besteht die Vermutung, daß die in Lehmgebieten vorhanden gewesenen Lagerstätten infolge der stärkeren Pufferung des eisenliefernden Lehmbodens in der seither zur Verfügung stehenden Zeit nicht neu gebildet werden konnten.

Wie die Frage der früheren Vorkommen auch beantwortet werden muß, soviel steht fest, daß man sich bei der Suche nach Raseneisenerz heute an Sandgebiete wird halten müssen. Innerhalb der Sandbereiche wird man alle Flachmoorsenken, ganz gleich welcher Breite, als verdächtig ansehen müssen und deren Ränder bevorzugt überprüfen, denn die Herkunft und der Nachschub des Eisens erfolgt vom Mineralboden zur Niederung hin. Zusitzendes Wasser wird normalerweise unmittelbar am Muldenrand austreten müssen, da der die Senke füllende Moortorf undurchlässig ist und das zufließende Wasser staut. Infolgedessen wird auch am oder nahe am Moorrand die Ausfällung des mitgeführten Eisengehaltes erfolgen müssen, und das eisenfrei gewordene Wasser wird weiter zum Muldentiefsten hin abfließen.

Aus dem gleichen Grunde ist anzunehmen, daß die Verhältnisse auch in früherer Zeit nicht anders waren: Selbst frühere Vorkommen von Eisen werden sich immer in der Nähe der Ränder bzw. von Mineralbodeninseln in und unter dem Moore finden.

Da nun die Senkenränder bei Meliorationen, die ja in der Hauptsache in einer Senkung des Moorwasserspiegels bestehen, am stärksten betroffen und am durchgreifendsten trockengelegt werden, so daß sie zumeist als Dauerweiden benutzt werden, wird man Viehkoppeln bevorzugt beachten müssen. Die ursprünglich in den Randgebieten etwas größere Moormächtigkeit schrumpft auf wenige Dezimeter zusammen, so daß das Erz, das normalerweise unmittelbar auf dem Mineralboden aufliegt, nunmehr dicht unter der Grasnarbe zu finden sein wird. Für die Erzsuche genügt deshalb ein kleiner Stockbohrer. Sobald mit zunehmender Entfernung vom Moorrande die Torfmächtigkeit größer wird, tritt auch die Nutzung als Dauerweide zurück. Gleichzeitig sinken die Aussichten, Erz zu finden, da ja der Eisengehalt des Wassers im allgemeinen bereits am Rand abgefangen wird.

Die geringe Mächtigkeit des torfigen Hangenden ist somit kein unbedingtes Zeichen für jugendliches Alter der Lagerstätte, sondern eben nur eine Folge der an den Rand gebundenen Entstehung. Wohl aber dürfte das jugendliche Alter sich aus anderen Überlegungen ergeben: Wahrscheinlich ist das Eisen mit zunehmendem Ackerbau, d. h. mit wachsender Ackerfläche und Entblößung der Oberfläche vom natürlichen Pflanzenkleid ständig zunehmend mobilisiert worden, so daß die Geschwindigkeit des Erzwachstums in gleichem Schrittmaß beschleunigt worden ist. Für die Gegenwart allerdings ist damit zu rechnen, daß trotz der zunehmenden Mobilisierung des Bodeneisens die Neubildung von Lagerstätten im wesentlichen sistiert ist. Das Studium der Bodenprofile ergibt zwar, daß Eisen im großen Umfange ständig im Boden unterwegs ist, daß aber geeignete Bildungsstätten mit fortschreitender Intensivierung der Bodenkultur immer seltener werden (siehe unten).

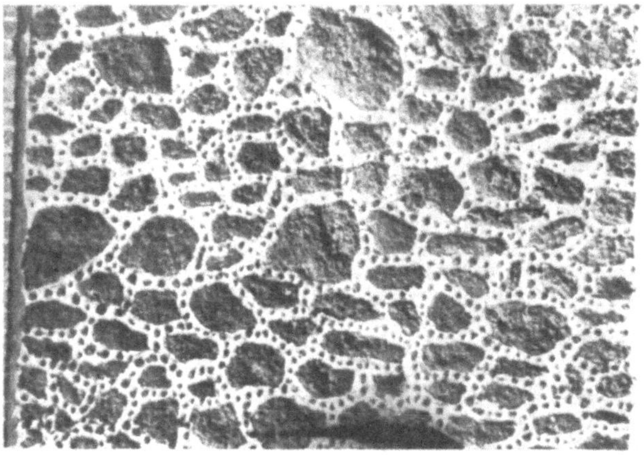

Abb. 4. Mauerwerk aus Raseneisenerz (SW-Mecklenburg) (links: Ziegelsteine als Maßstab) (Aufn. Verf.)

In den Viehkoppeln, die den erwähnten Voraussetzungen genügen, gibt es Anzeichen, die mit einiger Sicherheit auf das Auftreten von Erzanhäufungen schließen lassen: Scheinbar unmotiviert auftretende Brandstellen, d. h. Flecken dürrer Vegetation, die am Ende des Sommers schwarz scheinen können, sind erzverdächtig; dementsprechend auch Flurnamen wie Brandwiese, Brenn- oder Brandwischen.

Erzanzeigende Pflanzen scheint es nicht zu geben, wohl aber scheint das gehäufte Auftreten von Kuckuckslichtnelke und Gänseblümchen, sowie behinderter Graswuchs, also eine sog. Kümmerflora, oft auf Erz im Boden hinzudeuten.

Auch kleine Erhöhungen des Wiesenbodens gehen gelegentlich auf darunter liegende Erznester zurück: Bei der Trockenlegung der Wiesenflächen ist der oberflächliche Torf gesackt, während das Erz dieser Schrumpfung natürlich nicht folgte. Das schließt nicht aus, daß die oben mitgeteilte Feststellung, daß Erznester so gut wie immer in Vertiefungen des Untergrundes liegen, zu Recht besteht.

Die Beobachtung der Koppelzaunpfähle zeigt ferner, daß diese auf Erznestern nicht so tief in den Untergrund hineingeschlagen werden konnten und deshalb über die sonstige Pfahlhöhe hinausragen.

Daneben mag als Wegweiser zum Aufsuchen von Lagerstätten das Auftreten von Klumphäusern dienen, Bauten, in denen Raseneisenerz als Baustein verwendet worden ist; allerdings ist es auch häufig der Fall, daß durch eben diese Bauten die Erzvorräte der Gemarkung aufgebraucht und die Lagerstätten beseitigt worden sind (Abb. 4).

Daß Äcker für gewöhnlich nicht berücksichtigt zu werden brauchen, ergibt sich nach dem Gesagten von selbst. Als weiterer Anhalt sei erwähnt, daß OBERRASCHER in Pommern Erlenbrücher für durchweg erzverdächtig hält. Das deckt sich durchaus mit der forstlichen Erfahrung, daß die Erle nur gedeiht, wo das Bodenwasser in ständiger, langsamer Bewegung ist. Es ist also möglich, daß an solchen Stellen auch ständig Eisen nachgeschoben wird. Entsprechende Beobachtungen für Mecklenburg fehlen.

2. Das Nachwachsen der Lagerstätten

Noch bis weit in das vorige Jahrhundert hinein galt es als selbstverständlich, daß die Erfahrung alter Eisengräber zu Recht bestand, die der Ansicht waren, daß sich ausgekuhlte Lagerstätten in einigen Jahren bis spätestens Jahrzehnten neu mit Erz füllten. Angesichts der jahrtausendealten Beanspruchung der Lagerstätten ist diese Auffassung für die damalige Zeit keineswegs von der Hand zu weisen (s. o.). Daß auch die Eisenwanderung als Funktion der zunehmenden Bodenkultur im Laufe der letzten Jahrhunderte eine Beschleunigung und Verbreiterung erfahren hat, darf vermutet werden. Durch Eisenocker verstopfte Drainrohre und das allerorten zu beobachtende Auftreten von „Ölhäutchen“ und Ockerschlamm in Wiesengräben und Moorlachen spricht dafür, daß die Eisenwanderung auch heute noch im größten Umfange vor sich geht. Es gibt ja kaum landwirtschaftliche Böden im Untersuchungsbereich, die nicht mehr oder weniger stark gebleicht sind, d. h. ihres Eisengehaltes durch Bodensäuren fortlaufend beraubt werden.

Die jährliche Räumung der Wiesengräben und das allmähliche Verschwinden wilder, in natürlichem Zustand befindlicher Moorflächen entzieht jedoch in ständig zunehmendem Maße dem Erz die früher in größtem Umfang vorhandenen Bildungsstätten, so daß mit einem Nachwachsen von Erzvorkommen heute nur noch in sehr bescheidenem Umfange zu rechnen ist. Daß die Lagerstätten früher wirklich in verhältnismäßig kurzer Zeit neu gebildet wurden, ergibt sich aus einer Mitteilung von BOLL im Jahre 1846, nach der in der Gegend der Krenzliner Glashütte (Südwest-Mecklenburg) von Eisenerz umschlossene Brocken von Glasfluß gefunden worden sind.

Ähnlich wie bei der Torfgewinnung ist trotz dieser Sachlage die Ansicht, daß Erzvorkommen sich neu bilden könnten, immer noch verbreitet. Das mag einerseits auf der früher berechtigten Erfahrung beruhen, andererseits darauf, daß Beobachtungen aus anders gelagerten Bereichen kritiklos auf unser Untersuchungsgebiet übertragen werden: Denn es ist Tatsache, daß beispielsweise Brauneisenerze Nordwestdeutschlands wenige Jahre nach der Ausräumung der Lagerstätte wieder gebaut werden können. Doch handelt es sich hier um den in Brauneisen umgewandelten Eisernen Hut von Weißeisenerzlagerstätten, also nicht um eigentliches Raseneisenerz. Bei der Erzgewinnung etwa im Bourtanger

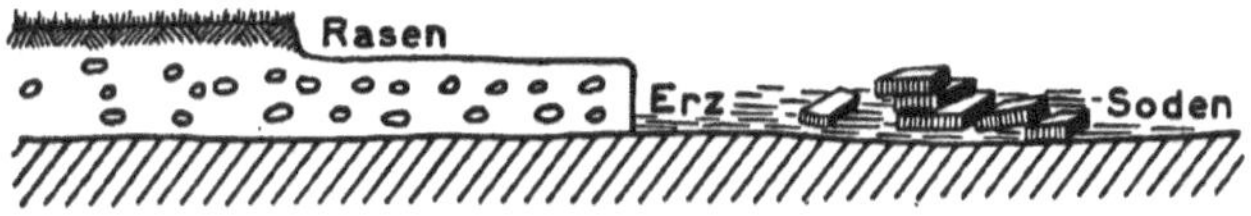

Abb. 5

Erdig-kiesiges Erz

Gras-soden auf dem geräumten Feld

Grobstückiges Erz

Abb. 6 Abbau Syckau (1937). Trennung des stückigen Erzes vom stark verunreinigten erdig-kiesigen Anteil (Aufn. Verf.)

Moor sind bis in die neueste Zeit hinein eben lediglich die braunen Teile der Lagerstätte gewonnen und die hellen, noch nicht oxydierten liegen gelassen worden. Diese sind infolge der Freilegung sehr bald oxydiert und täuschten so ein Nachwachsen der Lagerstätte vor. (Die einzige Stelle, an der heute noch der Absatz von Raseneisenerz unter natürlichen Verhältnissen vor sich gehen könnte, dürften die Moorsenken zwischen Dünen sein, da deren Grundwasser infolge der Kommunikation mit dem nahen Meeresspiegel nicht nennenswert abgesenkt werden kann.)

3. Gewinnungsfragen

Die Verhältnisse, unter denen die noch vorhandenen Reste der heimischen Erzvorräte auftreten, erheischen besondere Gewinnungsmaßnahmen und bedingen gewisse Schwierigkeiten, die den Abbau und die Verwertung beeinträchtigen können.

In den Jahren vor dem zweiten Weltkrieg waren auch in Mecklenburg Bestrebungen im Gange, möglichst die letzten Reserven an Eisenerz zu heben. Zu nennenswerten, wenn auch bescheidenen Erfolgen führten diese Bestrebungen m. W. nur an einem Punkte, nämlich dem Orte Syckau, westlich Lübtheen im ehemaligen Amte Neuhaus im Urstromtal der Sude.

Das Profil dieser Lagerstätte ergibt sich aus Abb. 1 und 2.

Zur Gewinnung wurde die Rasendecke mit der Mooshacke beseitigt und seitlich abgelegt (Abb. 5). Mit der gleichen Hacke wurde das Erz gelockert und mit der Schotterforke auf Lastkraftwagen verladen. Dabei wurde viel Abraum, d. h. im wesentlichen Torfmasse, mitgeladen. Deshalb ging man sehr bald dazu über, das Erz vor der Verladung auf ein Schottersieb zu werfen, so daß nur die größeren Stücke (Abb. 6) verladen wurden. Der laut Abb. 2 unter dem auch makroskopisch als solches erkennbarem Erz liegende tonige Boden soll nach einer nicht näher bekannt gewordenen Analyse der Lübecker Hochofenwerke ebenso eisenreich gewesen sein, wie das eigentliche Erz, doch infolge des hohen Wassergehaltes, der bis zu 30% betrug, nicht den Transport gelohnt haben.

Das Erz selbst soll bis 40% Fe enthalten haben, daneben P und Mn, deren Prozentgehalt den Abnahmepreis beeinflußte. Monatlich wurden 2000 t, d. h. täglich 3—4 Waggons zu je 25 t, die über die gut befahrbare Wiese, über Landweg und Chaussee zum Bahnhof Brahlstorf, also insgesamt rund 6 km mit Lastwagen und Anhänger befördert werden mußten. Bei nassem Wetter wurde der Transport schwierig. Abnehmer waren die Lübecker Hochofenwerke, die dieses Erz bis zu 10% den sonst verwendeten, ausländischen Erzen beimischten. Von der Anlage von Feldbahnen war abgesehen worden, da das Lager linsen- bzw. nesterförmig in kleinen Anreicherungen von 20—30, selten auch mehr Meter Durchmesser auftritt und dieser Umstand ein allzuhäufiges Verlegen der Gleise und eine große Gleisreserve erfordert hätte.

(Es verdient bemerkt zu werden, daß dem Schachtmeister für die Aufsuchung unverritzter Nester die Farbe der Grasdecke als Wegweiser diente; und zwar markierten sich die Erzlager im Gegensatz zu dem oben Gesagten hier durch dunkleres Grün der Narbe.)

Aus diesem Beispiel ergeben sich die Gesichtspunkte, die bei der Beurteilung der technischen und wirtschaftlichen Seite der Eisengewinnung berücksichtigt werden müssen. Insbesondere sprechen mit:

Verkehrsferne, schwierige Wegeverhältnisse, zerstreutes Vorkommen, Unzuverlässigkeit der einzelnen Lager hinsichtlich Menge und Beschaffenheit des Erzes.
Aus diesen Umständen ergibt sich die verschiedenartige Beurteilung der unteren Rentabilitätsgrenze durch die verschiedenen Verfasser: OBERRASCHER steht auf dem Standpunkt, daß Vorkommen von weniger als (500—) 800—1000 t Erz für einen Abbau nicht in Frage kommen, während nach BANDEL die untere Grenze bei 2000 t liegen soll. Nach meinen Erfahrungen liegt die untere Grenze bei 800 t. Doch dürften derartige Richtsätze kaum verallgemeinert werden, da die örtlichen und zeitlichen Umstände gar zu verschieden sind. Als Faustregel für die Vorratsschätzung darf gelten, daß 1/4 ha (d. h. 1 Morgen) etwa 1500—1750 t Erz enthält.

ANHANG

Übersicht über Vorkommen und Vorräte in Mecklenburg

Im ehemals pommerschen Landesteil, dem jetzigen östlichen Mecklenburg, liegen nach OBERRASCHERS Liste fast nur unbedeutende Einzelfunde vor. Zusammenhängende Erzlager — von denen allerdings nicht immer mit Sicherheit feststeht, ob es sich wirklich um Erz und nicht um Ortstein handelt — werden lediglich aus den Kreisen Greifswald (Buddenhagen, Lubmin), Randow (Arnimswalde), Rügen (Borchtitz, Garz) und Ückermünde (Mützelburg, Neuwarp, Ückermünde) genannt. Von diesen ist wahrscheinlich nur Lubmin und wohl auch Borchtitz bauwürdig (s. u.!).

Im eigentlichen Mecklenburg ist der Südwesten deutlich bevorzugt, erst mit Abstand folgen der Nordosten (Rostocker Heide usw.), sowie erhalten gebliebene Einzelvorkommen, die über das ganze Gebiet verstreut sind. Wirklich zuverlässige Größen- und Vorratsschätzungen sind nur in Ausnahmefällen möglich. Dementsprechend ist auch die Gesamtschätzung bestenfalls hinsichtlich der Größenordnung vertretbar.

Die folgende Liste gibt alle bisher bekannten Daten. Ausgebeutete oder allzu geringfügige Lager sind nicht aufgenommen worden.

Südwest-Mecklenburg

Gegend von Lüblow (ndl. Ludwigslust)
Forst Jassenitz 12500 qm
= rund 7—8000 t Erz
Dreenkrögen-Lüblow 8750 qm
= rund 5000 t Erz
südlich Lüblow 25000 qm
= rund 15000 t Erz

Gegend von Leussow (südwestlich Ludwigslust)
Leussow (Größe unbekannt)
Menkendorf 9355 qm
= rund 5—6000 t Erz
Hohen-Woos (Größe unbekannt)
Conow und Mallіß (Größe unbekannt)
Lindhörste 3000 qm
= rund 2000 t Erz
Rögnitztal bei Niendorf (Größe unbekannt)

Bei Boitzenburg
Tessin (Größe unbekannt, doch mit Sicherheit bauwürdig)

Gegend von Ludwigslust
Warlower Wiesen ndl. Niendorf (Erzgewinnung im Jahre 1918 in großem Maßstabe)

Gegend von Lübtheen
Pritzier (Größe unbekannt)

Gegend von Redefin
Am Schmarbach 40000 qm
= rund 20—24000 t Erz
(Forst Eichhof Jagen 6)
Zwischen Loosen-Belsch 27000 qm
= rund 17000 t Erz

Gegend von Eldena
Schierhorst 54000 qm
= rund 30—35000 t Erz
Westl. Breesegard 8000 qm
= rund 5000 t Erz
Am Kanal b. Glaisin 6875 qm
= rund 4000 t Erz
„Bei Eldena" 18000 qm
= rund 10000 t Erz

Gegend von Dömitz
Groß-Schmölen (Größe unbekannt)
Dömitz-Heiddorf 9500 qm
= rund 6000 t Erz
Papierfbrk. (1,5 km sdl.) 170000 qm (?)
= rund 100000 t Erz (?)

Gegend von Parchim
Dargelütz (Größe unbekannt)
Wulfsahl, Neu-Herzfeld, Godems — Einzelheiten nicht bekannt
Kiekindemark (Im einzelnen nicht bekannt: „Mächtige Raseneisendecke" — vielleicht Ortstein?)
Straße Parchim-Marnitz (Größe unbekannt).

Sonstiges Mecklenburg

Dosseniederung bei Jaebelitz
Unweit Galenbecker See sö. Friedland
Hinrichshäger und Wiethäger Revier,
Hirschburg u. a. Punkte der Rostocker bzw. Ribnitzer Heide, ebenso Rostocker Wulfshagen

Ehemals Pommerscher Landesteil

OBERRASCHER gibt eine beträchtliche Anzahl von Fundorten für Raseneisenerz und „Raseneisenerde" an, die jedoch anscheinend z. gr. T. ohne Bedeutung sein dürften. Das dürfte darauf zurückzuführen sein, daß ganz Vorpommern lange Zeit hindurch zum Einzugsgebiet der Eisenhütte Torgelow im Krs. Ückermünde gehörte. Es dürfte daher kein Zufall sein, daß die einzigen nennenswerten Lagerstätten in Neu-Vorpommern liegen, das erst 1815 zu Preußen kam, als die große Zeit von Torgelow bereits vorüber war. Es sind dies:

Lubmin im Krs. Greifswald mit
rund 11—12000 t Erz und

Borchtitz auf Rügen mit
höchstens 8—9000 t Erz

Insgesamt kann demnach für ganz Mecklenburg (einschl. Vorpommern) mit einem Mindestvorrat an Raseneisenerz in Höhe von

240—253000 t

gerechnet werden, sofern die obige Angabe „Papierfabrik Dömitz" mit 100000 t zu Recht besteht. Selbst wenn diese Angabe nicht zutreffen sollte, dürfte die Schätzung von rund 250000 t wenigstens die Größenordnung treffen, da ja in der obigen Aufstellung Zahlen für eine ganze Reihe ihrer Lage nach bekannter Vorkommen fehlen. In diesem Fall würde allerdings die Gesamtzahl nicht den Mindestwert, sondern den zu vermutenden Gesamtvorrat bedeuten.

LITERATURVERZEICHNIS

BANDEL, Werner: Die alluvialen Eisenerze in SW-Mecklenburg und ihre Entstehung. — Mitt. Meckl. Geol. Landesanst. *46* N. F. 11. — Rostock 1937.

BOLL, E.: Geognosie der deutschen Ostseeländer. — Neubrandenburg 1846.

GAERTNER, A.: Über Vivianit und Eisenspat in mecklenburgischen Mooren. — Arch. Ver. Freunde Naturgesch. Meckl. *51*, 1897. — Güstrow 1897.

HAMMANN, Georg: Raseneisen- und andere Eisenerze in Mecklenburg. — Mitt. Meckl. Geol. Landesanst. *43* N. F. 8. — Rostock 1936.

HEYKES, Klaas, Entstehung von Eisenmineralien in: Alluvium (Handb. d. vgl. Stratigraphie Deutschlands). — Berlin 1931.

KLÜPFEL: In Kohl *1934* (s. d.).

KOHL, E.: Die Eisenerzvorräte des Deutschen Reiches. — Arch. Lagerst.-Forschg. H. *58*. — Berlin 1934. — Neuere Untersuchungen von Weißeisenerzlagerstätten im Bourtanger Moor westl. von Meppen. — Glückauf *66*, H. 10, S. 338ff.

OBERRASCHER, Erich: Die Raseneisenerze Pommerns. — Abh. geol. pal. Inst. Greifswald *20*. — Greifswald 1939.

OOSTING, W. A. J.: Ijzeroer en beken in de kom van Barneveld. — Landbouwkundig Tijdschrift *49*, Nr. 604, 1937.

SCHNEIDERHÖHN, Hans: Erzlagerstätten. — Jena 1944.

WELTNER, W.: Über den Tiefenschlamm, das Seeerz und über Kalksteinaushöhlungen im Madüsee. — Arch. Naturgesch. *71*, Bd. 1, H. 3, 1905. — Berlin 1905.

FSC
www.fsc.org
MIX
Papier | Fördert
gute Waldnutzung
FSC® C083411

Kolibri 360 GmbH
Ferdinand-Jühlke-Straße 7
99095 Erfurt, Deutschland
produktsicherheit@kolibri360.de